河南省工程建设标准

预拌砂浆生产与应用技术规程

Technical Specification for Manufacture and Application of Ready-mixed Mortar

DBJ41/T 078—2015

主编单位:河南省建筑科学研究院有限公司
　　　　　河南省散装水泥办公室
批准单位:河南省住房和城乡建设厅
施行日期:2015 年 10 月 1 日

黄河水利出版社

2015　郑州

图书在版编目(CIP)数据

预拌砂浆生产与应用技术规程/河南省建筑科学研究院有限公司,河南省散装水泥办公室主编. —郑州:黄河水利出版社,2015.8

ISBN 978 - 7 - 5509 - 1213 - 7

Ⅰ.①预… Ⅱ.①河… ②河… Ⅲ.①水泥砂浆 - 技术操作规程 Ⅳ.①TQ177.6 - 65

中国版本图书馆 CIP 数据核字(2015)第 207503 号

策划编辑:王文科 电话:0371 - 66025273 E-mail:15936285975@163.com

出 版 社:黄河水利出版社
　　　　地址:河南省郑州市顺河路黄委会综合楼 14 层 邮政编码:450003
发行单位:黄河水利出版社
　　　　发行部电话:0371 - 66026940、66020550、66028024、66022620(传真)
　　　　E-mail:hhslcbs@126.com
承印单位:郑州龙洋印务有限公司
开本:850 mm×1 168 mm 1/32
印张:2
字数:50 千字　　　　　　　　　印数:1—4 000
版次:2015 年 8 月第 1 版　　　　印次:2015 年 8 月第 1 次印刷

定价:26.00 元

河南省住房和城乡建设厅文件

豫建设标〔2015〕36 号

河南省住房和城乡建设厅关于发布 河南省工程建设标准《预拌砂浆生产 与应用技术规程》的通知

各省直辖市、省直管县(市)住房和城乡局(委)、郑州航空港经济综合实验区市政建设环保局,各有关单位:

河南省工程建设标准《预拌砂浆生产与应用技术规程》(DBJ41/T078—2007)由河南省建筑科学研究院有限公司、河南省散装水泥办公室进行了修订,已通过评审,现予批准发布,编号为DBJ41/T078—2015,自2015年10月1日起在我省施行。原《预拌砂浆生产与应用技术规程》(DBJ41/T078—2007)同时作废。

此标准由河南省住房和城乡建设厅负责管理,技术解释由河南省建筑科学研究院有限公司、河南省散装水泥办公室负责。

河南省住房和城乡建设厅
2015 年 7 月 7 日

前　　言

本规程是在原河南省工程建设标准《预拌砂浆生产与应用技术规程》(DBJ41/T 078—2007)基础上,由河南省建筑科学研究院有限公司和河南省散装水泥办公室会同有关单位修订而成的。

本规程在修订过程中,修订组经广泛调查研究,认真总结实践经验,并征求有关单位意见,形成定稿。

本规程共分 7 章,主要内容有总则;术语、分类和标记;预拌砂浆的技术要求;预拌砂浆生产质量控制;产品检验;施工过程质量控制;施工质量验收。

本次修订的主要技术内容是:

1　修订了干混砂浆的技术要求。

2　修订了湿拌砂浆的技术要求。

3　增加了机械喷涂抹灰砂浆的性能要求。

4　增加了预拌砂浆生产质量控制的基本要求。

5　修订了预拌砂浆原材料、细集料、矿物掺合料和添加剂的要求。

6　修订了干混砂浆生产质量控制。

7　修订了湿拌砂浆生产质量控制。

8　修订了施工过程质量控制,增加了对干混砂浆和湿拌砂浆的拌和要求。

9　增加了机械化施工的要求。

本规程由河南省住房和城乡建设厅负责管理,由河南省建筑科学研究院有限公司负责具体内容的解释。在执行过程中如有意见或建议,请将意见或建议寄送河南省建筑科学研究院有限公司(地址:郑州市金水区丰乐路 4 号,邮政编码:450053)。

本 规 程 主 编 单 位:河南省建筑科学研究院有限公司
　　　　　　　　　　河南省散装水泥办公室
本 规 程 参 编 单 位:天津城建大学
　　　　　　　　　　郑州市散装水泥办公室
　　　　　　　　　　焦作强耐建材有限公司
　　　　　　　　　　郑州筑邦建材有限公司
　　　　　　　　　　河南新力建材有限公司
　　　　　　　　　　河南聚能新型建材有限公司
　　　　　　　　　　平顶山市森鹏建材有限公司
　　　　　　　　　　遂平金鼎建材有限公司
　　　　　　　　　　开封市筑帮商品砂浆有限公司
　　　　　　　　　　洛阳香山建材公司
　　　　　　　　　　郑州三和水工机械有限公司
本规程主要起草人员:李美利　杨久俊　曲　烈　余海燕
　　　　　　　　　　刘海中　李　鹏　李　爽　海　然
　　　　　　　　　　张　磊　张光海　杨付增　刘　涛
　　　　　　　　　　米金玲　罗忠涛　严　亮　王文战
　　　　　　　　　　冉俊生　王　华　张传宗　王再林
　　　　　　　　　　杨郑新　刘国森　王　艳　董红伟
　　　　　　　　　　李高峰　王臻子　司金龙　汪良强
　　　　　　　　　　田云鹏　李国兵　黄建堂　李　正
　　　　　　　　　　肖镜吾　刘明启　杨如意　杨利利
　　　　　　　　　　尚国灿
本规程主要审查人员:刘立新　解　伟　张利萍　管宗甫
　　　　　　　　　　胡伦坚　张　维　冷元宝

目 次

1 总则 ⋯⋯⋯⋯⋯⋯⋯⋯⋯⋯⋯⋯⋯⋯⋯⋯⋯⋯⋯⋯⋯ 1

2 术语、分类和标记 ⋯⋯⋯⋯⋯⋯⋯⋯⋯⋯⋯⋯⋯⋯⋯ 2

　　2.1 术语 ⋯⋯⋯⋯⋯⋯⋯⋯⋯⋯⋯⋯⋯⋯⋯⋯⋯⋯⋯ 2

　　2.2 分类 ⋯⋯⋯⋯⋯⋯⋯⋯⋯⋯⋯⋯⋯⋯⋯⋯⋯⋯⋯ 3

　　2.3 标记 ⋯⋯⋯⋯⋯⋯⋯⋯⋯⋯⋯⋯⋯⋯⋯⋯⋯⋯⋯ 4

3 预拌砂浆的技术要求 ⋯⋯⋯⋯⋯⋯⋯⋯⋯⋯⋯⋯⋯ 6

　　3.1 一般规定 ⋯⋯⋯⋯⋯⋯⋯⋯⋯⋯⋯⋯⋯⋯⋯⋯ 6

　　3.2 干混砂浆质量标准 ⋯⋯⋯⋯⋯⋯⋯⋯⋯⋯⋯⋯ 7

　　3.3 湿拌砂浆质量标准 ⋯⋯⋯⋯⋯⋯⋯⋯⋯⋯⋯⋯ 8

　　3.4 机械喷涂抹灰砂浆质量标准 ⋯⋯⋯⋯⋯⋯⋯ 9

4 预拌砂浆生产质量控制 ⋯⋯⋯⋯⋯⋯⋯⋯⋯⋯⋯ 10

　　4.1 一般规定 ⋯⋯⋯⋯⋯⋯⋯⋯⋯⋯⋯⋯⋯⋯⋯⋯ 10

　　4.2 预拌砂浆原材料 ⋯⋯⋯⋯⋯⋯⋯⋯⋯⋯⋯⋯⋯ 10

　　4.3 配合比的确定和执行 ⋯⋯⋯⋯⋯⋯⋯⋯⋯⋯ 12

　　4.4 干混砂浆生产质量控制 ⋯⋯⋯⋯⋯⋯⋯⋯⋯ 13

　　4.5 湿拌砂浆生产质量控制 ⋯⋯⋯⋯⋯⋯⋯⋯⋯ 16

5 产品检验 ⋯⋯⋯⋯⋯⋯⋯⋯⋯⋯⋯⋯⋯⋯⋯⋯⋯⋯ 19

　　5.1 一般规定 ⋯⋯⋯⋯⋯⋯⋯⋯⋯⋯⋯⋯⋯⋯⋯⋯ 19

　　5.2 取样与组批 ⋯⋯⋯⋯⋯⋯⋯⋯⋯⋯⋯⋯⋯⋯⋯ 20

　　5.3 检验项目及方法 ⋯⋯⋯⋯⋯⋯⋯⋯⋯⋯⋯⋯⋯ 21

　　5.4 判定规则 ⋯⋯⋯⋯⋯⋯⋯⋯⋯⋯⋯⋯⋯⋯⋯⋯ 23

6 施工过程质量控制 ⋯⋯⋯⋯⋯⋯⋯⋯⋯⋯⋯⋯⋯ 24

　　6.1 一般规定 ⋯⋯⋯⋯⋯⋯⋯⋯⋯⋯⋯⋯⋯⋯⋯⋯ 24

　　6.2 干混砂浆施工过程质量控制 ⋯⋯⋯⋯⋯⋯⋯ 25

   6.3 湿拌砂浆施工过程质量控制 ………………………… 25
   6.4 机械化施工过程质量控制 …………………………… 26
7 施工质量验收 ……………………………………………… 27
   7.1 一般规定 …………………………………………… 27
   7.2 砌筑砂浆施工质量验收 ……………………………… 27
   7.3 抹灰砂浆质量验收 ………………………………… 28
   7.4 地面砂浆质量验收 ………………………………… 29
附录 A 散装干混砂浆均匀性试验方法 ……………………… 31
附录 B 可操作时间的检测方法 ……………………………… 33
附录 C 机械化工艺参数 ……………………………………… 35
本规程用词说明 …………………………………………… 36
引用标准名录 ……………………………………………… 37
条文说明 …………………………………………………… 39

1 总　　则

1.0.1　为适应发展预拌砂浆的需要,保护城乡环境,促进节能减排,减少粉尘污染,提高散装水泥使用率和文明施工技术水平,规范预拌砂浆的生产与应用,特修订本规程。

1.0.2　本规程适用于专业工厂生产的,用于建筑物砌筑、抹灰、地面工程以及其他特殊用途的预拌砂浆生产、生产质量控制、产品验收和施工质量控制。

1.0.3　预拌砂浆的生产和应用,除应符合本规程的要求外,尚应符合国家现行有关标准的规定。

2 术语、分类和标记

2.1 术　语

2.1.1　预拌砂浆　ready-mixed mortar

专业生产厂生产的湿拌砂浆或干混砂浆。

2.1.2　湿拌砂浆　wet-mixed mortar

由专业生产厂生产,采用经筛分处理的干燥骨料、胶凝材料、填料、掺合料、外加剂、水以及根据性能确定的其他组分,按预先确定的比例和加工工艺经计量、拌制后,用搅拌车送至施工现场,并在规定时间内使用的拌和物。

2.1.3　干混砂浆　dry-mixed mortar

由水泥、干燥的细骨料、矿物掺合料、添加剂以及根据性能确定的其他组分,按一定比例,在专业生产厂经计量、混合而成,在使用地点按规定比例加水拌和使用的混合物。干混砂浆又称干粉砂浆或干拌砂浆。干混砂浆包括普通干混砂浆和特种干混砂浆。

2.1.4　砌筑砂浆　masonry mortar

将砖、石、砌块等块材砌筑成为砌体的预拌砂浆称为砌筑砂浆。砌筑砂浆分为普通砌筑砂浆(灰缝厚度大于 5 mm 的砌筑砂浆)和薄层砌筑砂浆(灰缝厚度不大于 5 mm 的砌筑砂浆)两种。

2.1.5　抹灰砂浆　plastering mortar

涂抹在建(构)筑物表面的预拌砂浆称为抹灰砂浆。抹灰砂浆分为普通抹灰砂浆(砂浆厚度大于 5 mm 的抹灰砂浆)和薄层抹灰砂浆(砂浆厚度不大于 5 mm 的抹灰砂浆)两种。

2.1.6 地面砂浆 floor mortar

用于建筑地面及屋面找平层的预拌砂浆。

2.1.7 普通干混砂浆 ordinary dry-mixed mortar

干混砌筑砂浆、干混抹灰砂浆和干混地面砂浆的统称。

2.1.8 特种干混砂浆 special dry-mixed mortar

具有抗渗、抗裂、保温、高黏结和装饰等特殊功能的干混砂浆，包括干混防水砂浆、干混保温砂浆、干混自流平砂浆、干混耐磨砂浆、墙地砖黏结剂、界面处理剂、填缝胶粉和饰面砂浆等。

2.1.9 保水增稠材料 water-retentive and plastic material

用于改善预拌砂浆和易性及保水性能的非石灰类材料。

2.1.10 机制砂 manufactured sand

经除土处理，由机械破碎、筛分制成的，粒径小于 4.75 mm 的岩石、尾矿或工业废渣颗粒，但不包括软质、风化的颗粒。

2.1.11 再生细骨料 recycled fine aggregate

由建(构)筑废弃物中的混凝土、砂浆、石、砖瓦等加工而成，用于配制砂浆的粒径不大于 4.75 mm 的颗粒。

2.1.12 可操作时间 shelf life

在特定条件下存放的新拌砂浆，稠度损失率不大于 25% 的保存时间。

2.2 分 类

2.2.1 预拌砂浆按生产的搅拌形式分为两种：干混砂浆与湿拌砂浆。

2.2.2 干混砂浆按使用功能分为两种：普通干混砂浆和特种干混砂浆。普通干混砂浆按用途分为干混砌筑砂浆、干混抹灰砂浆和干混地面砂浆。

2.2.3 湿拌砂浆按用途分为湿拌砌筑砂浆、湿拌抹灰砂浆和湿拌地面砂浆。

2.3 标 记

2.3.1 用于预拌砂浆标记的符号,应根据其分类及使用材料的不同按照下列规定使用:

1 水泥品种

P·Ⅰ、P·Ⅱ——硅酸盐水泥

P·O——普通硅酸盐水泥

P·S——矿渣硅酸盐水泥

P·P——火山灰质硅酸盐水泥

P·F——粉煤灰硅酸盐水泥

P·C——复合硅酸盐水泥

2 石膏用 G 表示

3 普通干混砂浆

DMM——干混砌筑砂浆

DPM——干混抹灰砂浆

DSM——干混地面砂浆

4 特种干混砂浆用 SDM 表示

5 湿拌砂浆

WM——湿拌砂浆

WMM——湿拌砌筑砂浆

WPM——湿拌抹灰砂浆

WSM——湿拌地面砂浆

6 稠度和强度等级用数字表示

2.3.2 普通干混砂浆标记

干混砌筑砂浆、干混抹灰砂浆和干混地面砂浆标记符号可按其种类、强度等级、稠度和胶凝材料种类符号的组合表示,标记示例为:

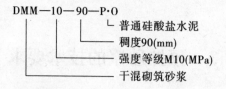

DMM—10—90—P·O
└ 普通硅酸盐水泥
稠度90(mm)
强度等级M10(MPa)
干混砌筑砂浆

2.3.3 特种干混砂浆

特种干混砂浆的标记可按照其类别、产品的特殊功能、用途的组合表示,标记示例为:

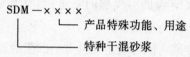

SDM—××××
└ 产品特殊功能、用途
特种干混砂浆

2.3.4 湿拌砂浆标记

湿拌砌筑砂浆、湿拌抹灰砂浆和湿拌地面砂浆标记符号可按照其类别、强度等级、稠度、凝结时间和胶凝材料种类符号的组合表示,标记示例为:

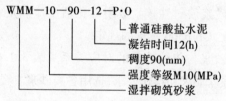

WMM—10—90—12—P·O
└ 普通硅酸盐水泥
凝结时间12(h)
稠度90(mm)
强度等级M10(MPa)
湿拌砌筑砂浆

3 预拌砂浆的技术要求

3.1 一般规定

3.1.1 预拌砂浆应满足本规程的要求,当有其他特殊设计要求时,可由供需双方另行商定。

3.1.2 当预拌砂浆需同时满足几种类型砂浆的要求时,其相同技术指标应以要求较高的指标为准。

3.1.3 预拌砂浆外观色泽应均匀,干混砂浆还应无结块。

3.1.4 预拌砂浆以 70.7 mm×70.7 mm×70.7 mm 立方体,28 天标准养护试件的抗压强度划分强度等级。

3.1.5 预拌砂浆放射性核素放射性比活度应满足《建筑材料放射性核素限量》GB 6566 标准的规定。

3.1.6 预拌砂浆与传统砂浆的对应关系见表 3.1.6。其他砂浆可以根据其强度要求和操作要求,选用各类砂浆。

表 3.1.6　预拌砂浆与传统砂浆的对应关系

种类	预拌砂浆	传统砂浆
砌筑砂浆	DMM5.0　WMM5.0 DMM7.5　WMM7.5 DMM10　WMM10	M5.0 混合砂浆　M5.0 水泥砂浆 M7.5 混合砂浆　M7.5 水泥砂浆 M10 混合砂浆　M10 水泥砂浆

种类	预拌砂浆		传统砂浆
抹灰砂浆	DPM5.0	WPM5.0	1:1:6混合砂浆
	DPM10	WPM10	1:1:4混合砂浆
	DPM15	WPM15	1:3水泥砂浆
	DPM20	WPM20	1:2、1:2.5水泥砂浆
			1:1:2混合砂浆
地面砂浆	DSM20	WSM20	1:2水泥砂浆

3.1.7 湿拌砂浆的可操作时间可根据使用要求由供需双方协商确定。

3.1.8 干混砂浆凝结时间由供方按一般情况,在产品设计中确定,需方也可在有特殊的操作要求时向供方提出并由双方协商确定。

3.2 干混砂浆质量标准

3.2.1 干混砂浆技术要求见表3.2.1。

表 3.2.1 干混砂浆技术要求

项目	干混砌筑砂浆		干混抹灰砂浆		干混地面砂浆
	普通干混砌筑砂浆	薄层干混砌筑砂浆	普通干混抹灰砂浆	薄层干混抹灰砂浆	
强度等级	M5、M7.5、M10、M15、M20、M25、M30		M5、M7.5、M10、M15、M20		M15、M20、M25
保水率（%）	≥88	≥99	≥88	≥99	≥88
凝结时间(h)	3~9				

项目	干混砌筑砂浆		干混抹灰砂浆		干混地面砂浆
	普通干混砌筑砂浆	薄层干混砌筑砂浆	普通干混抹灰砂浆	薄层干混抹灰砂浆	
2 h 稠度损失率(%)	≤30	—	≤30	—	≤30
14 d 拉伸黏结强度（MPa）	—	—	M5 等级：≥0.15；大于 M5 等级：≥0.2	≥0.2	—
28 d 收缩率(%)	—	—	≤0.20	≤0.25	—

3.2.2 特种干混砂浆技术要求在符合表 3.2.1 要求的基础上,可根据需要增加相应的项目。

3.2.3 散装干混砂浆的均匀性要求应满足表 3.2.3 的规定。

表 3.2.3 散装干混砂浆的均匀性要求

试验项目	技术要求
80 μm 方孔筛通过率与平均值的绝对误差(%)	≤3
28 d 抗压强度与设计强度的相对误差(%)	≤20

注:均匀性试验方法见附录 A。

3.3 湿拌砂浆质量标准

湿拌砂浆技术要求见表 3.3。

表 3.3 湿拌砂浆技术要求

项目		湿拌砌筑砂浆	湿拌抹灰砂浆	湿拌地面砂浆
强度等级		M5、M7.5、M10、M15、M20、M25、M30	M5、M7.5、M10、M15、M20	M15、M20、M25
稠度(mm)		50、70、90	70、90、110	50
稠度偏差(mm)	110	−10 ～ +5		
	50、70、90	±10		
保水率(%)		≥88		
凝结时间(h)		≥8，≥12、≥24		
可操作时间(h)		≤8	≤8	≤4
可操作时间内的稠度损失率(%)		≤25		
14 d 拉伸黏结强度(MPa)		—	M5 等级：≥0.15；大于 M5 等级：≥0.20	—
28 d 收缩率(%)		—	≤0.20	—

3.4 机械喷涂抹灰砂浆质量标准

3.4.1 机械喷涂施工可使用干混砂浆和湿拌砂浆。

3.4.2 机械喷涂抹灰砂浆的性能指标除应符合表 3.2.1、表 3.2.3 和表 3.3 的规定外，还应符合表 3.4.2 的要求。

表 3.4.2 机械喷涂抹灰砂浆性能指标

项目	入泵砂浆稠度(mm)	保水率(%)	凝结时间与机械喷涂工艺周期之比	胶凝材料与砂质量之比
性能指标	80～110	≥95	≥1.5	≥0.2

4 预拌砂浆生产质量控制

4.1 一般规定

4.1.1 预拌砂浆的配合比应严格按编号管理,定期检验、考核、分析。当主要原材料和生产工艺发生变化时,应重新进行配合比的设计和试配。

4.1.2 砂应经过筛分系统筛分,按一定的级配配比使用。

4.1.3 计量设备应满足计量精度要求,由法定计量部门检定合格,使用时应定期校验。应采用电脑控制并兼有手动称量功能的配料装置,该装置应具有将实际计量结果逐盘记录和存储的功能。

4.1.4 所有生产设备应符合安全、环保的规定。所有粉料的储存、输送及计量工序均应在密闭状态下进行,并应有收尘装置。

4.2 预拌砂浆原材料

4.2.1 预拌砂浆所用的材料不得对环境有污染及对人体有害,并应符合《民用建筑工程室内环境污染控制规范》GB 50325 的有关规定。

4.2.2 胶凝材料

   1 水泥宜选用硅酸盐水泥、普通硅酸盐水泥,并应符合《通用硅酸盐水泥》GB 175 的规定。采用其他水泥时应符合相应标准的规定。

   2 水泥应使用散装水泥,并相对固定水泥生产厂家。

   3 水泥进场时必须具有质量证明文件,对进场水泥应按国家现行标准的规定批量检验其强度和安定性,若有要求时还应检验其他指标,检验合格后方可使用。

4 预拌砂浆所用石膏必须满足《建筑石膏》GB 9776 的要求。预拌抹灰砂浆所用石膏还必须满足《抹灰石膏》GB/T 28627 的要求,并且所配制的预拌抹灰石膏砂浆性能必须满足表3.2.1 的要求,散装抹灰石膏砂浆均匀性必须满足表3.2.3 的要求。

5 石膏进场时必须有质量证明文件,并应按国家现行标准的规定批量复检,复检合格方可使用。

4.2.3 细骨料

1 天然砂、机制砂、再生细骨料应经过筛分处理,天然砂和机制砂应符合《建设用砂》GB/T 14684 和《普通混凝土用砂、石质量及检验方法标准》JGJ 52 的规定,且不应含有公称粒径大于4.75 mm 的颗粒。采用天然砂,宜选用中砂。抹灰砂浆的最大粒径应通过2.36 mm 筛孔。机制砂及混合砂应符合《人工砂质量标准及应用技术规程》DBJ 41/T048 的要求。再生细骨料应符合《混凝土和砂浆用再生细骨料》GB/T 25176 的规定。

2 砂进场时应具有质量证明文件,对进场细骨料应按相应现行标准的规定批量复检,复检合格方可使用。

3 Ⅰ类再生细骨料可用于配制各种强度等级的预拌砂浆;Ⅱ类再生细骨料宜用于配制强度等级不高于M15 的预拌砂浆;Ⅲ类再生细骨料宜用于配制强度等级不高于M10 的预拌砂浆。

4 再生细骨料占细骨料总量的百分比不宜大于50%,当有可靠试验依据时,可适当提高再生细骨料的掺量。

4.2.4 矿物掺合料

1 粒化高炉矿渣粉、天然沸石粉、石灰石粉、硅灰应分别符合《用于水泥和混凝土中的粒化高炉矿渣粉》GB/T 18046、《天然沸石粉在混凝土与砂浆中应用技术规程》JGJ/T 112、《石灰石粉在混凝土中应用技术规程》JGJ/T 318、《砂浆和混凝土用硅灰》GB/T 27690 的规定。

2 矿物掺合料进场时应具有质量证明文件,并应按相应现行标准的规定批量进行复检,其掺量应符合有关规定并通过试验确定。

3 粉煤灰作为矿物掺合料时,宜采用符合《用于水泥和混凝土中的粉煤灰》GB/T 1596 标准规定的Ⅰ级或Ⅱ级粉煤灰。

4 采用其他品种矿物掺合料时,应符合相关标准的规定,并应通过试验确定。

5 严禁使用黏土膏、硬化石灰膏、消石灰粉。

4.2.5 添加剂

1 可再分散乳胶粉、纤维素醚、颜料应符合《建筑干混砂浆用可再分散乳胶粉》JC/T 2189、《建筑干混砂浆用纤维素醚》JC/T 2190 和《混凝土和砂浆用颜料及其试验方法》JC/T 539 的规定。其他添加剂等应符合相关标准的规定或经过试验验证。

2 外加剂应符合《混凝土外加剂》GB 8076 和《砂浆、混凝土防水剂》JC 474 等国家现行标准的规定。

3 外加剂的释放氨限量应符合《混凝土外加剂中释放氨的限量》GB 18588 的要求。

4 纤维材料应符合《水泥混凝土和砂浆用合成纤维》GB/T 21120 的规定。

5 配筋砌体所用的砌筑砂浆、抹灰砂浆以及特种干混砂浆均不得采用氯化物盐类的早强剂及与其复配的砂浆外加剂。

4.2.6 水

预拌砂浆拌和用水应符合国家现行标准《混凝土用水标准》JGJ 63 的规定。

4.3 配合比的确定和执行

4.3.1 预拌砌筑砂浆配合比设计中的试配强度应按照《砌筑砂浆配合比设计规程》JGJ/T 98 的规定执行,预拌抹灰砂浆和预拌地面砂浆的试配强度参照执行。

4.3.2 预拌砂浆配合比设计后,应经试配调整,其结果用质量比表示。当预拌砂浆的组成材料有变更时,其配合比应重新确定。

4.3.3 对于用水泥作为胶凝材料的抹灰砂浆,水泥用量不宜少于物料总质量的 15%,且水泥用量不宜少于 250 kg/m³。

4.3.4 对于用水泥作为胶凝材料的地面面层砂浆,水泥用量不宜少于 300 kg/m³。

4.3.5 生产厂家应根据试验结果,明确干混砂浆加水量范围。

4.3.6 在确定湿拌砂浆稠度时,应考虑砂浆在运输和储存过程中的稠度损失。

4.4 干混砂浆生产质量控制

4.4.1 干混砂浆用砂子等细骨料应进行干燥、除泥,并满足以下要求:

　　1 干混砂浆用砂子等细骨料必须经干燥处理,含水率宜控制在 <0.5%。

　　2 干混砂浆用砂子等细骨料必须经除泥处理,含泥量宜控制在 ≤1%,含泥量试验应按《建设用砂》GB/T 14684 的有关规定进行。

　　3 使用纤维素醚作为添加剂时,砂子温度宜控制为小于纤维素醚的凝胶温度。

4.4.2 筛分与储存

　　1 细骨料必须经过分级筛分,宜分成粗、中、细三个及以上不同粒径等级,按不同粒径等级分别储存在不同的专用筒仓内。

　　2 不同种类的其他原材料应分别储存在专用筒仓内,并标记清楚。

4.4.3 配料计量

　　1 干混砂浆的配料应采用自动控制配料系统。

2 配料过程应防止原材料的交叉污染。

3 应按照产品设计配方的配料比例进行配料,必须保证配料的准确性。

4 应记录生产及投料时的每一个环节。

5 计量应采取质量法计量,计量允许误差应满足表4.4.3的规定。

表4.4.3 原材料计量允许误差

原材料	水泥	细骨料	添加剂	矿物掺合料	其他材料
干混砂浆每盘计量允许误差(%)	±2	±2	±1	±2	±2

4.4.4 搅拌

1 干混砂浆的搅拌应采用全自动控制的强制式搅拌机。

2 干混砂浆搅拌时间应参照搅拌机的技术参数通过试验确定,必须保证砂浆搅拌均匀,搅拌均匀性宜控制在≥90%。均匀性的测试方法应按附录A进行。

3 品种更换时,搅拌及运输设备必须清理干净。

4.4.5 包装

1 袋装

干混砂浆可用纸袋、复合袋、复膜塑编袋或复合材料袋以糊底或缝底方式包装,包装袋的牢固度、外观质量等均应符合《水泥包装袋》GB 9774 的要求,袋装干混砂浆每袋包装质量不得小于其标志质量的98%,也不得大于其标志质量的2%,且随机抽取20袋总质量不得小于标志的总质量。

2 散装

散装干混砂浆运输可分为散装车运输和罐装运输,散装车或罐装的储存罐应密封、防水、防潮和备有除尘设备。

3　标志

干混砂浆用的包装袋(或散装罐相应的卡片)上应有清晰标志,以显示产品的以下内容:

(1)产品名称;

(2)产品标记;

(3)生产厂名称和地址;

(4)生产日期;

(5)生产批次号;

(6)加水量要求;

(7)加水搅拌时间;

(8)内装材料质量;

(9)产品储存期。

生产厂家也可视产品情况在包装袋(或散装罐相应的卡片)上加注以下标志:

(1)产品用途;

(2)产品色泽;

(3)使用限值;

(4)安全使用要求等。

4.4.6　运输和储存

1　袋装干混砂浆在运输和储存过程中,不得淋水、受潮、靠近高温或受阳光直射,储存环境温度应为5～35 ℃。装卸时,应防止硬物划破包装袋。

2　袋装干混砂浆应按照不同种类、不同强度分级、不同批号分开堆放,存放仓库应防水、防潮。

3　散装干混砂浆采用罐装车将干混砂浆运输至施工现场,应提交与袋装标志相同内容的卡片。

4　干混砂浆应按进场顺序先后使用。干混砂浆的储存期为

3 个月,超出储存期的应经复验合格后方可使用。

4.5 湿拌砂浆生产质量控制

4.5.1 原材料储存

1 各种原材料必须分仓储存,并应有明显的标识。

2 水泥应按生产厂家、水泥品种及强度等级分别储存,同时应具有防潮、防污染措施。

3 细骨料的储存应保证其均匀性,不同品种、规格的细骨料应分别储存。细骨料的储存地面应为能排水的硬化地面。

4 矿物掺合料的储存应保证其均匀性,不同品种、规格的粉料应分别储存。

5 添加剂应按生产厂家、品种分别储存,并应具有防止质量发生变化的措施。

4.5.2 计量

1 各种粉体原材料的计量均应按质量计,水和液体外加剂的计量可按体积计。

2 原材料的计量允许偏差不应大于表 4.5.2 规定的范围。

表 4.5.2　原材料的计量允许偏差　　　　（%）

原材料品种	水泥	细骨料	矿物掺合料	添加剂	水
每盘计量允许偏差	±2	±3	±2	±2	±2
累计计量允许偏差	±1	±2	±1	±1	±1
说明	累计计量允许偏差,是指每一运输车中各盘砂浆的每种材料计量和的偏差。该项指标仅适用于采用微机控制的湿拌砂浆搅拌站				

4.5.3 搅拌

1 搅拌机应采用符合《混凝土搅拌机》GB/T 9142 规定的全

自动控制的强制式搅拌机。

2 计量设备应能连续计量不同配合比砂浆的各种材料,并应具有实际计量结果逐盘记录和储存功能。

3 湿拌砂浆搅拌时间应参照搅拌机的技术参数通过试验确定,必须保证砂浆搅拌均匀。

4 生产中应测定细骨料的含水率,每一工作班不宜少于1次,当含水率有显著变化时,应增加测定次数,并应依据检测结果及时调整用水量和用砂量。

5 湿拌砂浆在生产过程中应避免对周围环境的污染,搅拌站机房应为封闭式建筑,所有粉料的输进及计量工序均应在密封状态下进行,并应有收尘装置。

4.5.4 运输

1 运输应采用搅拌运输车。装料前,装料口应保持清洁,筒体内不得有积水、积浆及杂物。

2 在装料及运输过程中,应保持搅拌运输车筒体按一定速度旋转,使砂浆运至储存地点后,不离析、不分层,组分不发生变化,并能保证施工所必需的稠度。

3 运输设备应不吸水、不漏浆,并保证卸料及输送畅通,严禁在运输过程中加水。

4 湿拌砂浆在搅拌车中运输的延续时间应符合表4.5.4的规定。

表4.5.4　湿拌砂浆在搅拌车中运输的延续时间

气温(℃)	运输延续时间(min)
5~35	≤150
其他	≤120

4.5.5 储存

1 砂浆运至储存地点后除直接使用外,必须储存在不吸水的容器内,并防止水分的蒸发。夏季应采取遮阳措施,冬季应采取保温措施。砂浆装卸时,应有防雨措施。

2 储存容器应有利于储运、清洗和装卸。

3 砂浆在储存过程中严禁加水。

4 储存容器标识应明确,应确保先存先用,后存后用,严禁使用超过凝结时间的砂浆,严禁不同品种的砂浆混存混用。

5 砂浆必须在规定时间内使用完毕。

6 用料完毕后,储存容器应立即清洗,以备再次使用。

7 砂浆储存地点的环境温度宜为 5~35 ℃。

5 产品检验

5.1 一般规定

5.1.1 预拌砂浆的检验形式分为型式检验、开盘检验、出厂检验、进场检验。

5.1.2 在下列情况下应进行型式检验：

1 新产品投产或产品定型鉴定时。

2 正常生产时，每年进行一次。

3 主要原材料、配合比或生产工艺有较大改变时。

4 出厂检验结果与上次型式检验结果有较大差异时。

5 设备维修、连续停产超过 3 个月，恢复生产时。

6 国家质量监督检验机构提出型式检验要求时。

5.1.3 预拌砂浆生产厂在同一品种、同一规格、同一配比砂浆连续生产的第一盘必须取样进行开盘检验，根据其检验结果对生产工艺参数进行调整。开盘检验的项目与出厂检验的项目相同。

5.1.4 预拌砂浆出厂前应按本规程要求按批次进行检验，对存放超过 3 个月的干混砂浆，应按出厂检验要求进行复验，合格后方能出厂。

5.1.5 预拌砂浆进入施工现场后，需方应委托具备资质的检测单位对其质量进行进场检验，供方应同时提交型式检验报告和该批产品发货单和质量证明文件，不合格产品不得用于建设工程中。

5.1.6 进场检验的结果应在交货之日起 35 天内通知供方。

5.1.7 供需双方应在合同规定的地点交货，需方应指定专人及时对所供预拌砂浆的质量、数量进行确认，供方应在发货时附上产品质量合格证。

5.1.8 干混砂浆在运输时应有防扬尘措施,不应污染环境;湿拌砂浆运输时应不漏浆、不污染运输道路,污水、粉尘排放及噪声应符合环保要求。

5.2 取样与组批

5.2.1 干混砂浆

1 生产厂家应按品种、规格型号对产品进行组批、编号和取样,每一个生产批次为一个编号,具体组批规则如下:

年产量 10×10^4 t 以上,不超过 800 t 或 1 d 产量为一批;

年产量 4×10^4 ~ 10×10^4 t,不超过 600 t 或 1 d 产量为一批;

年产量 1×10^4 ~ 4×10^4 t,不超过 400 t 或 1 d 产量为一批;

年产量 1×10^4 t 以下,不超过 200 t 或 1 d 产量为一批。

2 出厂检验试样应在出料口随机采取并混合均匀后组成一份试样,取样总量不应少于各项试验用量总和的 4 倍且不少于 20 kg。

3 进场检验应由供需双方在交货地点共同取样后签封。每批取样应随机进行,散装砂浆可在出料口连续取样,袋装砂浆应随机从 20 个以上的不同部位取等量样品。取样总量不应少于各项试验用量总和的 8 倍且不少于 40 kg,将其缩分为两等份,一份由供方封存 40 天,另一份由需方按本规程规定进行检验。

在 40 天内,需方对干混砂浆质量提出疑问需要仲裁时,双方应将供方保存的另一份试样送交省级或省级以上国家认可的质量监督检验机构进行检验。

5.2.2 湿拌砂浆

1 湿拌砂浆组批应符合以下规定:

(1)同一品种、同一等级、同一配合比、同一批号的湿拌砂浆,每 100 m^3 取样不得少于 1 次;不足 50 m^3 的,取样也不得少于 1 次;

(2)每车湿拌砂浆均应进行目测检查拌和物状态,并取样进行稠度检验。

2 湿拌砂浆取样应符合以下规定：

（1）试样应在搅拌机出口或运输车卸料过程中卸料量的 1/4～3/4 随机抽取，且应从同一运输车中取样；

（2）抽取试样总量不应少于砂浆质量检验项目所需用量的 4 倍，且不宜少于 0.02 m^3；

（3）开盘检验和出厂检验取样后应立即送到试验室，并在 30 min 内完成试验；

（4）进场检验和型式检验取样后应立即送到具备资质的检测单位，并在操作时间内完成试验；

（5）其他特殊要求项目的取样及检验频率可参照本规程以合同方式约定。

5.3 检验项目及方法

5.3.1 预拌砂浆检验项目应满足以下规定：

1 预拌砂浆型式检验项目应包括本规程第 3 章规定的所有技术要求。当采用引气型外加剂的预拌砂浆用于承重砌体时，还应进行砌体强度的检验。

2 干混砂浆检验项目如表 5.3.1-2 所示。

表 5.3.1-2　干混砂浆检验项目

序号	品种	出厂检验	进场检验
1	干混砌筑砂浆	凝结时间、2 h 稠度损失率、保水率、抗压强度	保水率、抗压强度
2	干混抹灰砂浆	凝结时间、2 h 稠度损失率、保水率、抗压强度	保水率、抗压强度、14 d 拉伸黏结强度
3	干混地面砂浆	凝结时间、2 h 稠度损失率、保水率、抗压强度	保水率、抗压强度

3 湿拌砂浆应满足外观均匀,无离析、泌水现象,在此基础上,按表 5.3.1-3 所列项目进行检验。

表 5.3.1-3　湿拌砂浆检验项目

序号	品种	开盘检验与出厂检验	进场检验
1	湿拌砌筑砂浆	稠度、保水率、抗压强度、凝结时间、可操作时间	保水率、抗压强度
2	湿拌抹灰砂浆	稠度、保水率、抗压强度、凝结时间、可操作时间、14 d 拉伸黏结强度、28 d 收缩率	保水率、抗压强度、14 d 拉伸黏结强度、28 d 收缩率
3	湿拌地面砂浆	稠度、保水率、抗压强度、凝结时间、可操作时间	保水率、抗压强度

4 对有抗冻性要求的工程,应进行抗冻性试验。

5 对有抗渗、防水要求的工程,应进行抗渗压力试验。

6 有其他特殊要求的检验项目可参照本规程和相应产品标准的规定以合同方式约定。

5.3.2 检验方法

1 样品要求

(1)湿拌砂浆应按实际供货稠度进行试验;

(2)干混砂浆试验时的稠度为:砌筑砂浆 70~80 mm,抹灰砂浆 90~100 mm,地面砂浆 45~55 mm。

2 凝结时间、稠度、保水率、抗压强度、黏结强度、抗渗压力、收缩率、抗冻性试验应按照《建筑砂浆基本性能试验方法标准》JGJ/T 70 的有关规定进行。

3 稠度损失率按《预拌砂浆》GB/T 25181 附录 A 的有关规定进行。

4 可操作时间按本规程附录 B 的有关规定进行。

5 放射性按《建筑材料放射性核素限量》GB 6566 的有关规定进行。

5.4 判定规则

5.4.1 全部检验项目符合本规程相关要求时,可判定该批产品合格;当有一项指标不符合要求时,则判定该批产品不合格。

5.4.2 其他合同约定项目的检验结果符合合同要求为单项合格。

5.4.3 供需双方对产品质量有疑问或争议时,可委托有资质的检验机构进行仲裁检验。

6 施工过程质量控制

6.1 一般规定

6.1.1 供方应提供相应的预拌砂浆使用说明书,包括砂浆特点、性能指标、干混砂浆有效日期、使用范围、加水量、凝结时间、使用方法、注意事项等;施工人员应按照使用说明书的要求施工。

6.1.2 当室外日平均气温连续5天稳定低于5℃时,砌体工程应采取冬季施工措施。气温根据当地气象资料确定。冬季施工期限以外,当日最低气温低于0℃时,也应按照冬季施工的规定执行。

    1 现场的砂浆拌和料采取保温措施。

    2 砂浆拌和料的温度及施工面的温度应不低于5℃。

    3 抹灰(粘贴)层应有防冻措施。

    4 湿拌砂浆可掺入防冻剂,其掺量应经试配确定。

    5 湿拌砂浆可适当减少缓凝剂掺量,缩短砂浆凝结时间,但应经试配确定。

6.1.3 各种用途砂浆的稠度宜按照表6.1.3的规定选择。

表6.1.3 预拌砂浆的稠度 （单位:mm）

砌筑工程		
砌体种类	干燥气候或多孔砌块	寒冷气候或密实砌块
砖砌体	80～100	60～80
混凝土砌块砌体	70～90	50～70
石砌体	30～50	20～30

抹灰工程		
施工方法	机械施工	手工施工
准备层	90 ~ 100	100 ~ 110
底层	80 ~ 90	90 ~ 100
面层	70 ~ 80	70 ~ 80

6.2 干混砂浆施工过程质量控制

6.2.1 凡符合国家标准的饮用水,可直接用于拌制砂浆;当采用其他水源时,必须按照《混凝土用水标准》JGJ 63 的规定进行检验,合格后方可用于拌制砂浆。

6.2.2 在拌制干混砂浆时,应按产品说明书的规定加水,稠度应满足现行施工规范的有关规定,除水外不得添加其他成分。

6.2.3 干混砂浆应采用机械搅拌,搅拌时间应符合包装袋或送货单标明的规定,并保证搅拌均匀,随拌随用。

6.2.4 干混砂浆拌和料应在使用说明书规定的时间内用完。

6.2.5 干混砂浆拌和料在使用前应尽量覆盖表面,以防止水分蒸发,如砂浆出现泌水现象,应在使用前再次拌和。

6.2.6 干混砂浆在使用前应检验砂浆的稠度,稠度应满足现行施工规范的有关规定。

6.3 湿拌砂浆施工过程质量控制

6.3.1 湿拌砂浆使用前应检验稠度和保水性,确保砂浆符合产品质量要求。

6.3.2 湿拌砂浆在储存中如出现少量泌水现象,使用前应人工搅拌均匀,但严禁加水。

6.3.3 湿拌砂浆必须在规定的可操作时间内使用完毕。

6.3.4 用料完毕后,储存容器应立即清洗,以备下次使用。

6.4 机械化施工过程质量控制

6.4.1 机械化施工之前,应清除基层表面的灰尘、污垢、油渍,并根据基层材料特性进行润湿和界面处理。

6.4.2 机械喷涂施工前,应检验入泵砂浆的稠度和保水性,确保符合机械喷涂砂浆的性能要求。

6.4.3 机械喷涂的砂浆如出现少量泌水、离析现象,入泵前应搅拌均匀。

6.4.4 机械喷涂施工时,应稳定保持喷枪与作业面间的距离和夹角,喷射距离和喷射角的大小宜按本规程附录C选用。

6.4.5 机械喷涂的砂浆必须在规定的可操作时间内使用完毕。

6.4.6 喷涂结束后,应及时将喷涂设备清洗干净,并应将作业区落地灰和被污染部位及时清理干净。

6.4.7 砂浆凝结后应及时养护,养护时间不应少于7天。

7 施工质量验收

7.1 一般规定

7.1.1 预拌砂浆的施工质量验收应提供下列资料：

1 设计文件。

2 预拌砂浆原材料合格证、出厂检验报告。

3 预拌砂浆进场验收记录和施工记录。

4 预拌砂浆进场检验报告。

5 隐蔽工程验收记录。

6 其他必要的文件和记录。

7.1.2 施工完成后的工程资料验收按照相应的工程施工及工程验收规范的有关规定执行。

7.1.3 当预拌砂浆的施工质量不符合要求时，应按下列规定执行：

1 经返工、返修的检验批应重新进行验收。

2 经返修或加固处理能够满足结构安全使用要求的检验批，可根据技术处理方案或协商文件进行验收。

7.1.4 对预拌砂浆施工验收不合格的工程，不得进行工程竣工验收。

7.2 砌筑砂浆施工质量验收

7.2.1 对同品种、同强度等级的砌筑砂浆，湿拌砌筑砂浆应以 50 m³ 为一个检验批，干混砌筑砂浆应以 100 t 为一个检验批；不足一个检验批的数量时，应按一个检验批计。

7.2.2 每检验批应至少留置 1 组抗压强度试块。

7.2.3 砌筑砂浆取样时,应按本规程"5.2 取样与组批"规定的方法取样。砌筑砂浆抗压强度试块的制作、养护、试压等应符合现行行业标准《建筑砂浆基本性能试验方法标准》JGJ/T 70 的规定,龄期应为 28 d。

7.2.4 砌筑砂浆抗压强度应按验收批进行评定,其合格条件应符合下列规定:

1 同一验收批砌筑砂浆试块抗压强度平均值应大于或等于设计强度等级所对应的立方体抗压强度的 1.10 倍,且最小值应大于或等于设计强度等级所对应的立方体抗压强度的 0.85 倍。

2 当同一验收批砌筑砂浆抗压强度试块少于 3 组时,每组试块抗压强度值应大于或等于设计强度等级所对应的立方体抗压强度的 1.10 倍。

7.2.5 砌筑砂浆施工或验收时出现下列情况,可采用《砌体工程现场检测技术标准》GB/T 50315 或《贯入法检测砌筑砂浆抗压强度技术规程》JGJ/T 136 的方法,委托有资质的检测单位进行现场检验:

1 砂浆试块缺乏代表性或试块数量不足。

2 对砂浆试块的试验结果有怀疑或有争议。

3 砂浆试块的试验结果不能满足设计要求。

7.3 抹灰砂浆质量验收

7.3.1 抹灰工程检验批的划分应符合下列规定:

1 相同材料、工艺和施工条件的室外抹灰工程,每 1 000 m² 应划分为一个检验批;不足 1 000 m² 时,应按一个检验批计。

2 相同材料、工艺和施工条件的室内抹灰工程,每 50 个自然间(大面积房间和走廊按抹灰面积 30 m² 为一间)应划分为一个检验批;不足 50 间时,应按一个检验批计。

7.3.2 抹灰工程检查数量应符合下列规定：

   1 室外抹灰工程，每检验批每 100 m² 抽查处不得小于 10 m²。

   2 室内抹灰工程，每检验批应至少抽查 10%，并不得少于 3 间；不足 3 间时，应全数检查。

7.3.3 抹灰层应密实，应无脱层、空鼓和裂缝。面层应无起砂、爆灰和裂缝。

7.3.4 抹灰表面应光滑、平整、洁净、接槎平整、颜色均匀，分格缝应清晰。

7.3.5 护角、孔洞、槽、盒周围的抹灰表面应整齐、光滑；管道后面的抹灰表面应平整。

7.3.6 室外抹灰砂浆层应在 28 d 龄期时，按现行行业标准《抹灰砂浆技术规程》JGJ/T 220 的规定进行实体拉伸黏结强度检验，并应符合下列规定：

   1 相同材料、工艺和施工条件的室外抹灰工程，每 5 000 m² 应至少取一组试件；不足 5 000 m² 时，也应取一组试件。

   2 实体拉伸黏结强度应按验收批进行评定。当同一验收批实体拉伸黏结强度的平均值不小于 0.25 MPa 时，可判定为合格；否则，应判定为不合格。

7.3.7 当抹灰砂浆外表面粘贴饰面砖时，应按现行行业标准《外墙饰面砖工程施工及验收规程》JGJ 126、《建筑工程饰面砖粘结强度检验标准》JGJ 110 的规定进行验收。

7.4 地面砂浆质量验收

7.4.1 地面砂浆检验批的划分应符合下列规定：

   1 低层建筑应按每一层次或每层施工段（或变形缝）作为一个检验批。

   2 高层及多层建筑的标准层可按每 3 层作为一个检验批；不足 3 层时，应按一个检验批计。

7.4.2 地面砂浆的检查数量应符合下列规定：

1 每检验批应按自然间或标准间随机检验,抽查数量不应少于 3 间;不足 3 间时,应全数检查。走廊(过道)应以 10 延长米为 1 间,工业厂房(按单跨计)、礼堂、门厅应以两个轴线为 1 间计。

2 对有防水要求的建筑地面,每检验批应按自然间(或标准间)总数随机检验,抽查数量不应少于 4 间;不足 4 间时,应全数检查。

7.4.3 砂浆层应平整、密实,上一层与下一层应结合牢固,无空鼓、裂缝。当空鼓面积不大于 400 mm^2,且每自然间(标准间)不多于 2 处时,可不计。

7.4.4 砂浆层表面应洁净,并应无起砂、脱皮、麻面等缺陷。

7.4.5 踢脚线应与墙面结合牢固、高度一致、出墙厚度均匀。

7.4.6 砂浆面层的允许偏差和检验方法应符合表 7.4.6 的规定。

表 7.4.6　砂浆面层的允许偏差和检验方法

项目	允许偏差(mm)	检验方法
表面平整度	4	用 2 m 靠尺和楔形塞尺检查
踢脚线上口平直	4	拉 5 m 线和用钢尺检查
缝格平直	3	拉 5 m 线和用钢尺检查

7.4.7 对同一品种、同一强度等级的地面砂浆,每检验批且不超过 1 000 m^2 应至少留置一组抗压强度试块。抗压强度试块的制作、养护、试压等应符合现行行业标准《建筑砂浆基本性能试验方法标准》JGJ/T 70 的规定,龄期应为 28 d。

7.4.8 地面砂浆抗压强度应按验收批进行评定。当同一验收批地面砂浆试块抗压强度平均值大于或等于设计强度等级所对应的立方体抗压强度值时,可判定该批地面砂浆的抗压强度为合格;否则,应判定为不合格。

附录 A 散装干混砂浆均匀性试验方法

A.0.1 适用范围

散装干混砂浆交付使用时。

A.0.2 试验条件

标准试验条件为空气温度(23 ± 2)℃,相对湿度45%~70%。

A.0.3 试验仪器

1 砂试验筛。

2 电子天平:称量1 000 g,感量1 g;称量5 000 g,感量5 g。

A.0.4 试验步骤

1 砂浆在散装筒仓储量超过低料位(或筒仓1/3)的储量时进行抽样,将散装筒仓中的砂浆总量近似均匀地分成10个间隔,连续放料,在10个间隔基本相等的不同时间,分别取样,每份样品数量不少于10 kg,共取得10份样品,分别将每份样品充分拌和均匀,称取500 g试样进行筛分。

2 将500 g试样倒入符合《建设用砂》GB/T 14684要求的附有筛底的标准套筛中,按《建设用砂》GB/T 14684的方法进行筛分试验,称量通过0.08 mm筛的筛余量。每个样品检验两次,取两次试验结果的算术平均值。

3 按照A.0.4第2款的步骤分别对其他9个样品进行筛分试验。

A.0.5 试验结果

1 按下式计算10个样品0.08 mm筛下的离散系数:

$$C_V = \frac{\sigma}{\overline{X}} \times 100\% \qquad (\text{A.0.5-1})$$

式中 C_V——0.08 mm 筛下的离散系数;

σ ——10 个样品通过 0.08 mm 筛的筛余量(或抗压强度)的标准偏差;

$\overline{X}$——10 个样品通过 0.08 mm 筛的筛余量(或抗压强度)的平均值。

 2 按下式计算干混砂浆的均匀度:

$$T = 100\% - C_V \qquad (\text{A.0.5-2})$$

式中 T——干混砂浆的均匀度。

 3 当 0.08 mm 筛下均匀度不小于 90% 时,该筒仓中干混砂浆的均匀性判为合格;当 0.08 mm 筛下均匀度小于 90% 时,应继续进行抗压强度试验。

A.0.6 抗压强度试验

 1 在已取得的 10 份样品中,分别称取不少于 4 000 g 样品,加水拌和。加水量按砂浆稠度控制,砌筑砂浆稠度为 70~80 mm,抹灰砂浆稠度为 90~100 mm,地面砂浆稠度为 45~55 mm,普通防水砂浆稠度为 70~80 mm。

 2 按《建筑砂浆基本性能试验方法标准》JGJ/T 70 的规定成型、养护试件,测试 28 d 抗压强度。每个样品制作一组试件,共得到 10 个试样的抗压强度值。

 3 分别按式(A.0.5-1)、式(A.0.5-2)计算抗压强度对应的砂浆均匀度。

 4 当抗压强度的均匀度不小于 85% 时,该筒仓干混砂浆的均匀性判为合格;当抗压强度的均匀度小于 85% 时,均匀性判为不合格。

附录 B 可操作时间的检测方法

B.0.1 适用范围

湿拌砂浆出厂检验。

B.0.2 试验条件

标准试验条件为空气温度(23 ± 2)℃,相对湿度45% ~ 55%。

B.0.3 试验仪器

1 砂浆稠度测定仪:应符合《建筑砂浆基本性能试验方法标准》JGJ/T 70 的规定。

2 容量筒:容积为 10 L。

3 钢制捣棒:直径 10 mm,长 350 mm,端部磨圆。

B.0.4 试验步骤:

1 取 10 L 的湿拌砂浆装入用湿布擦过的 10 L 容量筒内,容器表面不覆盖,然后置于标准试验条件下。

2 按《建筑砂浆基本性能试验方法标准》JGJ/T 70 规定的方法测定砂浆的初始稠度 S_0。

3 从砂浆加水开始计时,每 1 h 测定砂浆的稠度一次;当稠度损失率超过20%时,每15 min 测定砂浆的稠度一次。测定稠度前,应将容量筒内的砂浆拌和物人工拌和均匀,砂浆表面泌水不清除。

B.0.5 稠度的试验结果

砂浆稠度损失率按下式计算:

$$S = \frac{S_0 - S_t}{S_0} \times 100\% \qquad (B.0.5-1)$$

式中 S——砂浆稠度损失率(%),精确到 0.1%;

S_0——砂浆初始稠度,mm;

S_t——t 时测试的砂浆稠度,mm。

B. 0. 6 判定方法

稠度损失率达到24% ~ 25% 的时间 T 即为湿拌砂浆的可操作时间。

附录 C 机械化工艺参数

C.0.1 输浆管内径

机械化用输浆管内径宜按表 C.0.1 选取,且当砂浆用砂的细度模数较大或含纤维时,管径宜取较大值。

表 C.0.1 输浆管内径选择

喷涂流量(L/min)	输浆管内径(mm)
≤35	25~32
35~45	32~38
45~60	38~51

C.0.2 喷射距离和喷射角

喷涂时,喷射距离和喷射角的大小宜按表 C.0.2 选用。

表 C.0.2 喷射距离和喷射角

工程部位	喷射距离(mm)	喷射角
吸水性强的墙面	100~350	85°~90°(喷嘴上仰)
吸水性弱的墙面	150~450	60°~70°(喷嘴上仰)
踢脚板以上较低部位墙面	100~300	60°~70°(喷嘴上仰)
顶棚	150~300	60°~70°
地面	200~300	85°~90°

本规程用词说明

1　执行本规程条文时,对要求严格程度不同的用词说明如下:

(1) 表示很严格,非这样做不可的:

正面词采用"必须";反面词采用"严禁"。

(2)表示严格,在正常情况下均应这样做的:

正面词采用"应";反面词采用"不应"或"不得"。

(3) 表示允许稍有选择,在条件许可时首先应这样做的:

正面词采用"宜";反面词采用"不宜"。

(4)表示有选择,在一定条件下可以这样做的,采用"可"。

2　本规程中指明应按其他有关标准、规范执行的写法为"应按……执行"或"应符合……的要求或规定"。

引用标准名录

1　《建筑材料放射性核素限量》GB 6566
2　《民用建筑工程室内环境污染控制规范》GB 50325
3　《通用硅酸盐水泥》GB 175
4　《建筑石膏》GB 9776
5　《建设用砂》GB/T 14684
6　《普通混凝土用砂、石质量及检验方法标准》JGJ 52
7　《人工砂质量标准及应用技术规程》DBJ41/T 048
8　《混凝土和砂浆用再生细骨料》GB/T 25176
9　《用于水泥和混凝土中的粒化高炉矿渣粉》GB/T 18046
10　《天然沸石粉在混凝土与砂浆中应用技术规程》JGJ/T 112
11　《石灰石粉在混凝土中应用技术规程》JGJ/T 318
12　《砂浆和混凝土用硅灰》GB/T 27690
13　《建筑干混砂浆用可再分散乳胶粉》JC/T 2189
14　《建筑干混砂浆用纤维素醚》JC/T 2190
15　《混凝土和砂浆用颜料及其试验方法》JC/T 539
16　《混凝土外加剂》GB 8076
17　《砂浆、混凝土防水剂》JC 474
18　《混凝土外加剂中释放氨的限量》GB 18588
19　《水泥混凝土和砂浆用合成纤维》GB/T 21120
20　《混凝土用水标准》JGJ 63
21　《砌筑砂浆配合比设计规程》JGJ/T 98
22　《水泥包装袋》GB 9774

23 《混凝土搅拌机》GB/T 9142

24 《建筑砂浆基本性能试验方法标准》JGJ/T 70

25 《预拌砂浆》GB/T 25181

26 《砌体工程现场检测技术标准》GB/T 50315

27 《贯入法检测砌筑砂浆抗压强度技术规程》JGJ/T 136

28 《抹灰砂浆技术规程》JGJ/T 220

29 《外墙饰面砖工程施工及验收规程》JGJ 126

30 《建筑工程饰面砖粘结强度检验标准》JGJ 110

31 《抹灰石膏》GB/T 28627

河南省工程建设标准

预拌砂浆生产与应用技术规程

DBJ41/T 078—2015

条 文 说 明

目　　次

1　总则 ································· 42

2　术语、分类和标记 ······················ 43

　　2.1　术语 ····························· 43

　　2.2　分类 ····························· 43

　　2.3　标记 ····························· 44

3　预拌砂浆的技术要求 ······················ 45

　　3.1　一般规定 ························· 45

　　3.2　干混砂浆质量标准 ···················· 45

　　3.3　湿拌砂浆质量标准 ···················· 46

　　3.4　机械喷涂抹灰砂浆质量标准 ················ 46

4　预拌砂浆生产质量控制 ····················· 48

　　4.1　一般规定 ························· 48

　　4.2　预拌砂浆原材料 ····················· 48

　　4.3　配合比的确定和执行 ··················· 49

　　4.4　干混砂浆生产质量控制 ·················· 49

　　4.5　湿拌砂浆生产质量控制 ·················· 50

5　产品检验 ··························· 52

　　5.1　一般规定 ························· 52

　　5.2　取样与组批 ······················· 52

　　5.3　检验项目及方法 ····················· 52

6　施工过程质量控制 ······················ 53

　　6.1　一般规定 ························· 53

6.2　干混砂浆施工过程质量控制 ……………………… 53

6.3　湿拌砂浆施工过程质量控制 ……………………… 53

6.4　机械化施工过程质量控制 ………………………… 53

7　施工质量验收 ……………………………………… 54

1 总　　则

1.0.1　本条文说明了制定本规程的目的。

建筑砂浆传统生产是在现场由施工单位自行拌制使用。随着建筑业技术的发展和对文明施工要求的提高,建筑砂浆在现场拌制日益显示出其固有的缺陷,即砂浆质量不稳定、文明施工程度低和污染环境。因此,取消现场拌制砂浆,采用工业化生产的预拌砂浆势在必行。预拌砂浆作为一种商品,必须制定出在技术上和管理上具有可操作性的生产应用技术规范,统一预拌砂浆的技术要求,生产质量控制、产品验收和施工质量控制标准。

1.0.2　本条说明了规程的适用范围。

本规程适用于砌筑、抹灰、地面工程及装饰装修工程中预拌砂浆以及特种预拌砂浆的生产和施工质量控制。

2 术语、分类和标记

2.1 术　　语

2.1.1　修订了预拌砂浆的定义。《预拌砂浆术语》GB/T 31245 将预拌砂浆定义为:专业生产厂生产的湿拌砂浆或干混砂浆。结合河南省预拌砂浆发展现状,生产厂家、用户等也习惯于将预拌砂浆分为湿拌砂浆和干混砂浆,因此修订了预拌砂浆的定义,将原干拌砂浆修订为干混砂浆。

2.1.10　本条规定了用于生产预拌砂浆的机制砂的定义,是为了促进岩石、尾矿或工业废渣颗粒制备的细骨料的应用,减少对天然资源的消耗。引自国家标准《建设用砂》GB/T 14684。

2.1.11　本条规定了用于生产预拌砂浆的再生细骨料的定义,是为了促进建筑垃圾制备的细骨料的应用,减少建筑垃圾的环境污染,同时减少对天然资源的消耗。引自国家标准《混凝土和砂浆用再生细骨料》GB/T 25176。

2.1.12　随着时间的延长,砂浆的性能会出现不同程度的降低,新拌砂浆存放时间越久,其性能下降越多,因此为了保证施工质量,本条规定了新拌砂浆的可操作时间的定义,以促使新拌砂浆在规定的时间内使用完毕。

2.2 分　　类

2.2.1～2.2.3　给出了预拌砂浆的分类。

2.3 标　记

2.3.1~2.3.4　对照现行水泥、混凝土产品标准,采用英文字母符合我国现行标准要求。在标记中,将砂浆的强度等级、稠度、凝结时间以及胶凝材料等信息表示出来,以方便交接货储存和使用。

3 预拌砂浆的技术要求

3.1 一般规定

3.1.1 用于不同场合的砂浆,有的会有一些特殊设计的要求,如防水、保温等技术要求,为了不限制有特种要求的预拌砂浆的使用,作本条规定。

3.1.3 预拌砂浆色泽均匀可以从一个侧面反映其搅拌均匀,干混砂浆出现结块则反映其吸水受潮,质量可能受到影响。

3.1.6 M2.5 的砂浆在建筑工程中已经被淘汰,因此删除了DM2.5、WMM2.5 砌筑砂浆及其对应的传统砂浆。

3.1.7 施工方可根据送货量及施工速度与供方协商确定砂浆的可操作时间,通常湿拌砌筑和抹灰砂浆的可操作时间限定在 8 h 之内,即一个工作班组期间内必须使用完毕。

3.1.8 在一般情况下,某一类干混砂浆按其一般使用的要求控制在适中的凝结时间内,但在需方有要求时,可通过协商确定。

3.2 干混砂浆质量标准

3.2.1 本条规定了普通干混砂浆的技术要求。

抗压强度是划分砂浆强度等级的重要指标,砌筑砂浆的抗压强度直接影响砌体的抗压强度。抹灰砂浆的抗压强度和黏结强度也影响抹灰质量,黏结强度低的砂浆,易出现脱层、空鼓等缺陷,尤其是国家禁止采用黏土型墙材后,非黏土型墙材与砂浆之间的黏结是一个值得关注的问题。所以,本条对抹灰砂浆规定了黏结强度指标。对于地面砂浆,抗压强度低,则砂浆的耐磨性差,易引起空鼓,所以本条对地面砂浆规定了抗压强度指标。新型墙体材料要求砂浆有较强的保水能力,而传统的分层度已不能很好地反映干拌砂浆的保水能力,因此引入国际上常用的保水率概念。

3.2.2 特种干混砂浆的品种繁多,很难一一概括描述,其技术质量要求按相关规程或标准的规定,或设计要求的规定。

3.2.3 关于均匀性指标,是针对散装干拌砂浆在运输和输送过程中可能对砂浆均匀性产生影响而设置的指标,便于有关各方控制散装干拌砂浆的质量。

3.3 湿拌砂浆质量标准

规定了湿拌砂浆的性能指标。湿拌砌筑砂浆、湿拌抹灰砂浆、湿拌地面砂浆的强度等级与其对应的干混砂浆的强度等级设置相同。湿拌砂浆的稠度、稠度偏差、凝结时间、保水率、凝结时间等指标引自国家标准《预拌砂浆》GB/T 25181。湿拌砂浆的技术要求中增加了可操作时间和可操作时间内的稠度损失率的规定。可操作时间指的是在特定条件下存放的新拌砂浆,稠度损失率不大于25%的保存时间。对于湿拌砂浆而言,随着时间的延长,砂浆的稠度损失率增加、操作性逐渐降低,进而影响砂浆的后期性能。虽然通过材料和技术手段也可以使湿拌砂浆在较长的时间内具有可施工性,但为保证工程质量,避免湿拌砂浆长期不凝结对后期性能的影响,因此将湿拌砌筑砂浆和湿拌抹灰砂浆的可操作时间限定在8 h 之内,即该类别湿拌砂浆须在一个工作班组期间内使用完毕。地面砂浆的稠度低、凝结时间短,随着时间的延长,砂浆的操作性降低速度加快,因此地面砂浆的可操作时间限定≤4 h。

3.4 机械喷涂抹灰砂浆质量标准

3.4.1 机械喷涂抹灰砂浆引自《机械喷涂抹灰施工规程》JGJ/T 105,但入泵砂浆稠度规定为 80～110 mm,根据试验结果稠度超过110 mm,机械喷涂砂浆喷涂厚度超过 3 mm 即会产生流淌。

机械喷涂砂浆流淌如图3.4.1所示。

图3.4.1 机械喷涂砂浆流淌(稠度约为 115 mm)

4 预拌砂浆生产质量控制

4.1 一般规定

4.1.2 为了保证预拌砂浆的质量,规定了砂应经过筛分,按一定的级配配比使用。

4.1.4 强调了预拌砂浆的生产应符合安全和环保的要求。

4.2 预拌砂浆原材料

4.2.2 本条规定了预拌砂浆宜采用的水泥种类。

1 水泥一般宜采用硅酸盐水泥和普通硅酸盐水泥,但对其他品种水泥,只要能满足砂浆产品的性能指标,也允许使用。

2 相对固定水泥生产厂,以便更好地熟悉和掌握该水泥的性能,并且能获得质量稳定的砂浆。

4 由于石膏硬化体的绝热性和吸音性好,防火性能好,以及良好的装饰性能等优点,石膏用作预拌抹灰砂浆的胶凝材料是可行的。

4.2.3 本条规定了用于生产预拌砂浆的细骨料的基本要求。

1 人工砂和混合砂应符合河南省地方标准《人工砂质量标准及应用技术规程》DBJ41/T 048 的要求。

4.2.4 本条规定了矿物掺合料的技术和使用要求。粉煤灰的质量等级不应低于Ⅱ级。试验表明,Ⅲ级粉煤灰对砂浆的工作性能影响较大。"禁止使用黏土膏、硬化石灰膏和消石灰粉作为掺合料"的规定是引自行业标准《砌筑砂浆配合比设计规程》JGJ/T 98 和《抹灰砂浆技术规程》JGJ/T 220。

4.3　配合比的确定和执行

4.3.1、4.3.2　预拌砂浆经配合比设计和试配后,其性能应满足本规程的相关要求。

4.3.3、4.3.4　规定了各种砂浆的最低水泥含量。

4.3.5　厂家应根据产品特性给出干混砂浆推荐的加水量范围。

4.4　干混砂浆生产质量控制

4.4.1　干混砂浆中的细集料必须经过烘干,否则细集料中的水分容易与胶凝材料作用而难以保证砂浆的质量。

3　当温度超过纤维素醚凝胶温度时,对干混砂浆的性能影响较大,因此干混砂浆用砂的温度宜控制在纤维素醚的凝胶温度以下。

4.4.2　筛分与储存

1、2　细集料的粒径与级配以及原材料的性能对砂浆的质量影响很大,因此对细骨料的筛分和原材料的储存必须严格控制。

4.4.3　配料计量

1~5　为避免人为因素影响,干混砂浆的配料应采用自动控制配料系统,并能防止原材料的交叉污染。各材料用量是砂浆质量的保证。本条对计量允许误差作了规定,要求计量设备有有效的合格证书,且每生产班要对计量设备进行自校。

4.4.4　搅拌

1~3　采用机械搅拌和自动程序控制有利于生产管理与质量稳定。

4.4.5　包装

1　对袋装干混砂浆的包装作了一些规定,同时规定了袋装干混砂浆包装质量的误差范围。

2　散装干混砂浆的包装与运输、储存紧密相联,因此应有密封、防水、防尘等措施。

3 由于预拌砂浆尤其是干混砂浆品种较多,且人们对干混砂浆的使用方法还不是十分清楚,因此其标志应具体而明晰。

4.4.6 运输和储存

1、2 袋装砂浆和散装干混砂浆在运输和储存过程中主要是防雨、防潮,以保证砂浆质量。

4.5 湿拌砂浆生产质量控制

4.5.1 原材料储存

1~5 原材料应分类储存,并有明显标识,同时应防止交叉污染。

4.5.2 计量

1、2 材料的计量严重影响砂浆的性能,为了保证砂浆质量稳定,本条对计量设备和计量允许偏差作了一些规定。

4.5.3 搅拌

1~5 采用机械强制式搅拌和全自动控制有利于生产管理与砂浆质量稳定,本条对搅拌机的类型作了规定。为保证砂浆拌和物的均匀性,本条对搅拌时间作了规定。砂的含水率变化直接影响水灰比的变化,进而引起砂浆拌和物及硬化砂浆性能。因此,本条规定每个工作班至少测定一次,当砂含水率有显著变化时,应增加测定次数。

4.5.4 运输

1~4 为保证湿拌砂浆在运输过程中不发生分层,砂浆的运输宜采用带有搅拌装置的运输工具,运输和卸料及储存过程中禁止加水。湿拌砂浆的运输延续时间与气温条件有关,要避免过长的运输时间以防交货稠度与出机稠度的偏差难以控制。所以,规定砂浆的运输延续时间应符合表 4.5.4 的规定。

4.5.5 储存

1~3 砂浆的储存要求防止水分蒸发,要求容器不吸水是为了长时间保持砂浆不凝结。对储存容器的大小未作规定,但要便于储运、清洗和砂浆装卸。规定砂浆储存时严禁加水,并采取遮阳、防雨措施,这都是为了保证湿拌砂浆的质量。

4、5 超过凝结时间的砂浆不能保证其工作性和强度,因此禁止使用。

5 产品检验

5.1 一般规定

5.1.1 规定了预拌砂浆的检验形式。

5.1.2 引自《预拌砂浆》GB/T 25181。

5.2 取样与组批

5.2.1 规定了干混砂浆的取样与组批规则。

5.2.2 规定了湿拌砂浆的取样与组批规则。

5.3 检验项目及方法

5.3.1 预拌砂浆检验项目在借鉴《预拌砂浆》GB/T 25181 的基础上，为了提高预拌砂浆质量，提出了更为严格的检验项目。

5.3.2 检验方法主要引自《建筑砂浆基本性能试验方法标准》JGJ/T 70、《预拌砂浆》GB/T 25181 和《建筑材料放射性核素限量》GB 6566。

6 施工过程质量控制

6.1 一般规定

6.1.2 本条划分了冬季施工的界限,并提出了冬季施工应采取的措施。

6.2 干混砂浆施工过程质量控制

6.2.1 施工现场用于检验的水样应具有代表性,水样在试验前不得做任何处理,应保存在清洁容器内,容器事先用同样的水进行清洗。

6.2.2 干混砂浆各组分由生产厂按照要求进行预混,材料性能已满足施工需要。因此,除加水外,不得加入其他任何材料。

6.3 湿拌砂浆施工过程质量控制

6.3.2 当砂浆在储存期内出现泌水时,应人工搅拌均匀。但为了保证砂浆质量,搅拌过程应禁止加水。

6.4 机械化施工过程质量控制

6.4.1~6.4.7 主要引自《机械喷涂抹灰施工规程》JGJ/T 105。

7 施工质量验收

预拌砂浆的施工验收按相关的工程验收规范执行。